Rodolphe Radau

L'Observatoire de Paris depuis sa fondation

Histoire

 Le code de la propriété intellectuelle du 1er juillet 1992 interdit en effet expressément la photocopie à usage collectif sans autorisation des ayants droit. Or, cette pratique s'est généralisée dans les établissements d'enseignement supérieur, provoquant une baisse brutale des achats de livres et de revues, au point que la possibilité même pour les auteurs de créer des œuvres nouvelles et de les faire éditer correctement est aujourd'hui menacée. En application de la loi du 11 mars 1957, il est interdit de reproduire intégralement ou partiellement le présent ouvrage, sur quelque support que ce soit, sans autorisation de l'Éditeur ou du Centre Français d'Exploitation du Droit de Copie , 20, rue Grands Augustins, 75006 Paris.

ISBN : 978-1987484090

10 9 8 7 6 5 4 3 2 1

Rodolphe Radau

L'Observatoire de Paris depuis sa fondation

Histoire

Table de Matières

Introduction	7
Section I	9
Section II	23

Introduction

Vers le milieu du XVIIe siècle, l'art d'observer a subi une révolution profonde et décisive. Huyghens, en appliquant le pendule aux horloges, venait de fournir aux astronomes un moyen de mesurer le temps avec une précision inconnue jusqu'alors. Les lunettes, d'invention récente, n'avaient encore servi qu'à rapprocher de l'observateur les corps célestes ou à lui révéler des astres noyés dans la lumière du firmament ; on commençait à en soupçonner l'importance pour la mesure des angles par lesquels se déterminent les positions des étoiles dans le ciel. Grâce à ces moyens perfectionnés, des méthodes essentiellement nouvelles se substituèrent bientôt aux procédés inexacts et incommodes des anciens observateurs, et ce sont ces méthodes qui de nos jours encore constituent l'astronomie de précision. Elles ont été développées et modifiées dans les détails, mais les principes n'ont guère varié depuis deux siècles. C'est dans ces méthodes que se révèle le génie, que s'affirme la puissance de l'homme aux prises avec l'inconnu. Placé sur l'étroite planète à laquelle sa destinée l'enchaîne, il conquiert l'espace infini en mesurant des quantités imperceptibles, en épiant des fractions de secondes, en divisant et subdivisant l'instant fugitif. Des générations d'observateurs qui se succèdent reprennent tour à tour le fil des investigations tenaces et minutieuses par lesquelles la science surprend les mystères des mondes lointains.

La création de l'observatoire de Paris eut lieu malheureusement pendant cette crise dans laquelle les idées nouvelles remplaçaient peu à peu d'antiques préjugés. Les méthodes modernes n'existaient pas encore, ou n'avaient pas reçu la sanction de l'expérience ; très peu d'astronomes en comprenaient la portée et la valeur : aussi les hommes d'état et les architectes d'alors sont bien excusables de n'avoir pas eu à ce sujet des vues plus larges. Il n'en est pas moins vrai que la construction de l'observatoire que Louis XIV fit ériger d'après les plans de Claude Perrault, de 1668 à 1671, et qui coûta plus de deux millions de livres, fut pour la science un malheur irréparable. La France perdit à cette occasion l'honneur d'inaugurer une nouvelle ère en astronomie, car le donjon que Perrault avait conçu, et qui fut exécuté malgré les réclamations les plus énergiques des hommes du métier, était complètement impropre aux observations du ciel. La direction du nouvel établissement fut confiée à Jean-Dominique Cassini, que l'on appela d'Italie, et qui ne tarda point à exciter l'enthousiasme de la cour et du public par des découvertes plus curieuses qu'importantes, dont l'éclat passager devait éclipser les mérites beaucoup plus sérieux des astronomes français qui l'entouraient. L'Angleterre prit alors les devants ; l'observatoire de Greenwich, fondé en 1676, s'éleva facilement au premier rang, et les travaux de Flamsteed, de Bradley, posèrent les fondements de l'astronomie, tandis que l'observatoire de Paris tombait en ruine sous la dynastie des quatre Cassini. Pendant cent soixante ans, ce colosse de pierre arrête le progrès de la science, et les tentatives timides qui sont faites de loin en loin pour y acclimater l'observation ne servent qu'à faire ressortir plus clairement les défauts de cet édifice inhospitalier. Des constructions exécutées à des époques récentes ont fini par mettre l'observatoire de Paris en état d'exécuter la plupart des travaux qui se font ailleurs, de sorte qu'il tient aujourd'hui un rang honorable parmi les établissements les plus renommés. On a néanmoins examiné à plusieurs reprises l'opportunité qu'il y aurait à le démolir pour bâtir ailleurs un observatoire plus commode et conçu entièrement d'après les principes que l'expérience de deux siècles a consacrés ; toujours on s'est décidé pour la conservation de ce monument, rempli de souvenirs historiques, en se contentant de prendre les mesures qui paraissaient les plus propres à en atténuer les défauts. En ce moment même, la translation de l'Observatoire est remise en question, elle vient de soulever des discussions longues et violentes. L'Observatoire résistera-t-il cette fois aux velléités de destruction dont il est l'objet ? C'est ce qu'il est difficile de prévoir. On peut cependant s'étonner que, pour avoir un observatoire meilleur, on croie nécessaire d'en démolir un qui peut encore servir. La Grande-Bretagne possède une trentaine d'observatoires publics ou privés, l'Amérique au moins autant, l'Allemagne en a vingt-cinq, la Russie douze, l'Italie quinze ou seize ; on compte en tout quelque chose comme cent soixante observatoires grands ou petits qui se trouvent dispersés à la surface du globe. La France en a trois, dont un, celui de Toulouse, privé d'instruments et d'observateurs. Pourquoi supprimer le plus valides dès qu'il s'agit d'en construire un nouveau ? On nous répond qu'il est temps de créer en France un établissement national qui puisse soutenir la comparaison avec le splendide observatoire de Poulkova en Russie, et qu'un établissement de cette nature est impossible en province, qu'il ne peut se concevoir qu'à portée de la capitale. Il s'ensuit que l'emplacement actuel doit être abandonné, et que l'astronomie doit chercher un asile plus tranquille dans la campagne voisine de Paris. Quelque plausible que puisse paraître ce raisonnement, on éprouve un certain regret à voir rompre violemment la chaîne des traditions qui rattachent l'observatoire de Paris au siècle de Louis XIV. Malgré les défauts qu'il présente, il semble qu'on peut encore continuer d'y accomplir d'utiles travaux. Dans tous les cas, si, par suite d'une enquête sérieuse, on reconnaissait qu'il est possible de créer dans les environs un observatoire placé dans des conditions supérieures à celles où l'on se trouve maintenant, il faudrait conserver à la ville, en l'affectant à d'autres usages, ce monument imposant qui a deux siècles d'existence. L'histoire de cet antique établissement est intéressante à plus d'un point de vue, et la circonstance nous paraît opportune pour jeter un coup d'œil rapide sur le passé.

Section I

La fondation de l'observatoire de Paris est intimement liée à celle de l'Académie des Sciences, qui tint sa première séance le 22 décembre 1666, et qui eut parmi ses membres des hommes tels que Huyghens, Roberval, Adrien Auzout, l'abbé Picard. C'est Auzout qui paraît avoir suggéré au roi l'idée de fonder à Paris un observatoire national. Elle fut accueillie avec empressement et exécutée avec une magnificence qui, mieux dirigée, eût porté des fruits inappréciables. Il n'existait alors en Europe aucun établissement de ce genre qui eût quelque importance ; les astronomes exécutaient leurs observations dans les circonstances les plus précaires. Toutefois l'œuvre tentée par le grand roi n'était pas sans exemple. Guillaume IV, landgrave de Hesse, avait érigé en 1561, sur le château de Cassel, un observatoire où il se livrait lui-même à des travaux suivis, fort au-dessus de ce qu'on pouvait attendre d'un prince à cette époque. Il observa les Astres pendant plus de trente ans à l'aide d'horloges et de quarts de cercle mobiles garnis de pinnules, par des méthodes qui contenaient déjà en germe les procédés modernes, et laissa un catalogue des positions de neuf cents étoiles. D'un autre côté, Tycho-Brahé avait eu à sa disposition pendant dix-sept ans le magnifique observatoire d'Uranibourg, construit en 1580 sur le plateau central de l'île d'Hwen, dont le roi Frédéric II de Danemark lui avait abandonné la propriété. Cette île, située en regard de Copenhague, est fertile et riche en gibier ; elle a une circonférence d'environ deux lieues. L'établissement d'Uranibourg était un véritable château, décoré avec un luxe fastueux. Il était bâti en carré et se composait de deux étages très élevés, avec des tours, des balcons et des pavillons. Les souterrains contenaient un laboratoire de chimie et une verrerie ; de grands ateliers de construction et de réparation, une imprimerie, une maison où se trouvaient les logements de vingt ou trente collaborateurs, un bâtiment d'exploitation, s'élevaient autour du grand édifice central. Tycho-Brahé avait encore fait bâtir un observatoire supplémentaire, où de beaux instruments étaient installés sur des piliers de pierre dans cinq chambres souterraines. C'est dans cette retraite qu'il fit les observations dont la discussion devait plus tard révéler à Kepler les lois de l'univers. A la mort du roi Frédéric, Tycho tomba en disgrâce. Ses nombreux ennemis le dénigrèrent à l'envi ; on l'accusa de s'arroger dans son île une autorité illimitée, de dépenser l'argent de l'état pour satisfaire une vaine ostentation ; une commission fut nommée, qui devait décider si l'établissement d'Uranibourg avait fait faire à l'astronomie des progrès en rapport avec les sommes qu'il avait coûtées. Tycho s'enveloppa dans un silence dédaigneux. La commission déclara ses travaux stériles et sans utilité pour l'état ; on lui retira la pension que le roi Frédéric lui avait allouée. Il fut dès lors obligé de quitter son île et se rendit en Allemagne, où l'empereur Rodolphe l'accueillit avec joie et lui offrit toute facilité pour ses travaux ; mais Tycho mourut en 1600, peu d'années après son expatriation. L'établissement d'Uranibourg fût détruit ; quand Huet visita l'île d'Hwen en 1652, il ne restait plus aucun vestige des splendides bâtiments, et le souvenir en était effacé dans la mémoire des pêcheurs qui habitaient l'île. Picard, qui fut envoyé vingt ans après par l'Académie des Sciences pour déterminer la latitude de l'observatoire de Tycho, en retrouva les fondations en fouillant le sol. Vers 1632, le roi de Danemark, cédant aux sollicitations de Longomontanus, fit commencer la construction de la fameuse Tour-Ronde de Copenhague. Achevée en 1656, elle a été détruite par un incendié en 1728. Si nous citons encore l'observatoire que le célèbre Hével fit bâtir à Dantzig en 1641 sur sa propre maison, et dans lequel il mena à bonne fin une description détaillée de la lune et un grand catalogue d'étoiles, nous aurons mentionné toutes les sources d'information qui étaient en 1667 à la disposition des mathématiciens et des architectes auxquels Colbert confia le soin de dresser les plans du nouvel observatoire.

Tout eût tourné au profit de la science, si dans cette occasion on avait écouté les avis solides des hommes du métier. Par malheur la réputation naissante de Claude Perrault, le célèbre auteur de la colonnade du Louvre, avait assez de poids déjà pour qu'il pût faire accepter un édifice de parade à la place d'un établissement utile et approprié au but spécial auquel on le destinait. La fantaisie monumentale de l'architecte de Louis XIV l'emporta sur les représentations des astronomes, qui voyaient s'élever sous leurs yeux une espèce de forteresse dont les murs épais devaient les empêcher d'apercevoir le ciel à moins de monter sur le toit. Perrault tint bon, même contre Colbert, qui reconnaissait la justesse des objections présentées par les adversaires du projet en voie d'exécution. Il ne voulait pas, disait-il, rompre les lignes architectoniques ; il ne pouvait se résoudre à porter atteinte à l'harmonie, à la régularité des masses. Ce colossal attentat au bon sens fut donc consommé, et l'astronomie française s'en ressent encore après deux siècles, pendant lesquels on n'a pas cessé de raccommoder et de consolider l'œuvre de Perrault.

L'emplacement de l'Observatoire n'avait pas été mal choisi ; il ne se trouvait pas, comme aujourd'hui, au milieu d'un quartier populeux ; il s'élevait en pleine campagne, en dehors de l'enceinte de la ville. A l'entour étaient disséminés de nombreux monastères qui sont devenus plus tard les centres de faubourgs par lesquels la ville s'est peu a peu avancée du côté du sud. La colline Saint-Jacques, qui devait recevoir l'établissement consacré à l'astronomie, offrait encore l'avantage d'être assez élevée. Comme les observations se font principalement dans la partie sud du ciel, on tournait le dos à la ville et on n'avait pas à craindre les fumées des habitations ;

on était d'autant plus sûr de les éviter que les beaux temps se présentent chez nous ordinairement par le vent d'est. Au-devant de l'Observatoire s'étendait un plateau solitaire que bornaient à l'occident les bois de Sceaux.

Lorsque le décret de fondation fut signé et l'emplacement de l'édifice arrêté, on voulut le consacrer par des observations qui se firent le 21 juin 1667, jour du solstice, avec une sorte de pompe et de cérémonie. Les mathématiciens de l'Académie, Picard, Auzout, Huyghens, Roberval, Buot, se transportèrent sur le lieu et tracèrent une méridienne « avec tout le soin que leur pouvaient inspirer des conjonctures si particulières. » Ils tirèrent ensuite huit azimuts ou directions des vents, d'après lesquels devaient être orientés les angles et les façades du bâtiment ; puis on observa la hauteur méridienne du soleil, qui fut trouvée égale à 64° 41' au moins, ce qui donnait pour la hauteur du pôle à l'Observatoire 48° 49' 30». La déclinaison de l'aiguille aimantée fut déterminée en dernier lieu, on la trouva égale à 15 minutes à l'occident. Ces diverses observations furent la consécration du lieu. Les fondements de l'édifice furent aussi jetés la même année, et l'on frappa à cette occasion une médaille qui portait en légende : *Sic itur ad astra*. Les constructions ne furent commencées qu'en 1668 ; en 1671, la masse du bâtiment était achevée. Tel qu'il avait été conçu, il devait résister aux siècles. Les fondations, toutes en pierres massives, ont 27 mètres de profondeur pour les murs principaux et plus de 2 mètres d'épaisseur. La profondeur est ainsi égale à la hauteur du bâtiment. On a fait remarquer que cette égalité se rencontrait aussi dans l'obélisque élevé à Rome par l'empereur Auguste pour servir de *gnomon*.

Dans le projet primitif, qui ne fut exécuté qu'en ce qui concernait l'édifice principal, nous n'avons pas de peine à reconnaître l'influence des traditions d'Uranibourg. Tout autour de l'Observatoire on voulait bâtir des logements pour les astronomes de l'Académie ; au-dessous de la terrasse du sud devaient se trouver des laboratoires de chimie, et l'on commença même d'y construire des fourneaux. En outre plusieurs salles étaient destinées à servir de dépôt aux machines et modèles de mécanique qui seraient présentés à l'Académie ; on voulait y former une sorte d'arsenal scientifique. L'Académie devait enfin tenir ses séances à l'Observatoire. Ce plan, qui évidemment embrassait trop de choses, fut bientôt abandonné. On se contenta de faire un observatoire, et tout eût été pour le mieux, s'il avait été possible d'y observer. Malheureusement les murs de l'immense bâtiment cachaient la plus grande partie du ciel en quelque point que l'on se plaçât ; on y cherchait en vain un endroit favorable à l'installation d'un instrument de mesure. On ne pouvait observer que par les fenêtres, et, pour voir le même astre au levant et au couchant, on était obligé de transporter la lunette d'un bout à l'autre de l'édifice. Les voûtes massives qui le couvraient ne permettaient pas de découvrir le méridien depuis l'horizon jusqu'au zénith. Pour voir le ciel de tous les côtés, on était oblige de monter sur la plate-forme du toit, mais l'on comprend qu'il n'aurait été possible d'y installer que de petits instruments portatifs.

L'édifice de Perrault forme un grand massif carré à deux étages, dont le rez-de-chaussée n'a jour que du côté du nord. Il est flanqué de deux grosses tours octogonales ; un avant-corps fait saillie au milieu de la façade nord, qui regarde la ville. Les deux tours octogonales qui décorent les angles de la façade méridionale ont de petits flancs coupés de portes et de fenêtres où l'on n'aurait jamais pu fixer un cercle mural d'une certaine dimension. Celle de l'est, qui fut laissée sans couverture, et la vaste salle du second étage, qui n'a été pavée qu'en 1730 et qui renferme une méridienne de cuivre enclavée dans les dalles, servirent à installer ou à remiser des lunettes de 10 à 20 mètres de long, avec lesquelles on étudiait la constitution physique du soleil et des planètes. Les deux autres tours ont abrité, paraît-il, des instruments de mesure, mais nous ne savons trop ce qu'on y a jamais mesuré.

Cassini n'était pas plus satisfait des dispositions du vaste édifice que ne l'étaient les astronomes de l'Académie. Il aurait voulu, lui, que cet édifice même fût un colossal instrument ; son rêve était d'appliquer sur les quatre murailles quatre grands quarts de cercle dont les divisions eussent pu faire reconnaître les minutes et même les secondes des angles. En outre il croyait nécessaire de disposer une vaste salle pour un cadran solaire intérieur ; le soleil, pénétrant par une petite ouverture au sommet du mur, devait dessiner son chemin journalier sur le parquet et révéler ainsi les variations qui ont lieu dans le mouvement annuel de l'astre. C'est à cet usage que la salle de la méridienne paraît avoir été primitivement destinée, mais l'on différa pendant soixante ans d'y poser des dalles, parce que l'édifice tassait d'une manière sensible, et que les changements de niveau qui en résultaient devaient rendre le cadran projeté inexact. On chercha donc à tirer parti du bâtiment tant bien que mal. Les grandes lunettes étaient le plus souvent placées sur la terrasse qui masque le rez-de-chaussée de l'Observatoire du côté du midi. D'autres instruments étaient installés devant les fenêtres des salles. Pour observer le zénith, Cassini fit percer toutes les voûtes vers le centre de l'édifice par un trou circulaire correspondant au puits à escalier tournant par lequel on descend dans les caves. On sait que les souterrains de l'Observatoire, dont la profondeur est de 28 mètres, ont été construits dans les anciennes carrières ou catacombes. Ils ont servi à constater qu'à une pareille profondeur la température ne subit que de très faibles variations ; le thermomètre s'y maintient au même degré (environ 12 degrés) pendant l'hiver et pendant l'été, Cette remarque, due à Mariotte, fit une grande sensation lorsqu'il la publia pour la première fois. Le puits de Cassini existe toujours, mais il est fermé au rez-de-chaussée, et les ouvertures des voûtes ont été bouchées. Jean-Dominique Cassini, le premier directeur de l'observatoire de Paris, était né à Perinaldo, dans le comté de Nice, en 1625. Il montra tout d'abord un talent assez remarquable pour la poésie latine, et composa même une tragédie de *Saint Alexis* que les religieuses du couvent des cordelières à Gênes représentèrent avec succès : il s'occupa ensuite d'astrologie judiciaire ; mais il ne tarda pas à se convaincre de la vanité de cette prétendue science. A l'âge de vingt-cinq ans, il fut nommé professeur d'astronomie à Bologne. Une comète qu'il observa avec le marquis Malvasia lui fournit l'occasion d'écrire un ouvrage dans lequel il développa ses idées sur ces astres que le vulgaire prenait pour des exhalaisons de la terre. A cette époque, longtemps après la publication des immortelles découvertes de Copernic et de Kepler, il plaçait encore la terre au centre de L'univers. Toutefois cet ouvrage commença la réputation de Cassini, et la découverte de la rotation de Jupiter, de Vénus et de Mars, qu'il fit en 1665 à l'aide des lunettes de Campani, lui acquit une très grande célébrité. Le pape Alexandre VII le chargea d'étudier la cause des inondations du Pô, et plus tard on lui confia la surintendance des fortifications du fort Urbain. Ces travaux l'avaient constamment approché de personnages importants et l'avaient habitué au commerce des puissants de la terre ; il ne manquait aucune occasion pour se parer à leurs yeux de ses découvertes et aussi plus d'une fois de celles des autres. Ces découvertes cependant tenaient, comme le fait remarquer Delambre, principalement à de bonnes lunettes, à de bons yeux, à beaucoup de zèle et de patience et à un grand désir de renommée. Elles étaient de celles qui frappent les regards et qu'on peut rendre facilement intelligibles aux rois et aux reines. C'est ainsi que tout récemment un autre astronome italien s'est fait à Paris une réputation extraordinaire en colportant de salon en salon une belle collection d'images coloriées des taches solaires.

Il y avait alors à Paris un homme d'un mérite autrement sérieux, qui sans aucun doute eût inauguré en France l'ère de l'astronomie de précision et de mesure, s'il avait eu les mains libres pour agir, et si son crédit eût égalé celui de Cassini, qu'il avait eu le malheur de recommander lui-même à Colbert pour la place de directeur de l'Observatoire. Cet homme était l'abbé Picard, prieur de Rillé, en Anjou, et successeur de Cassendi dans la chaire d'astronomie du Collège de France. Il passe pour être le premier qui ait observé les étoiles en plein jour à l'aide des lunettes. Ce qui est plus certain, c'est qu'il a le premier utilisé les lunettes pour la mesure des angles en les appliquant aux cercles divisés à la place des règles munies de pinnules, dont on ne se sert plus de nos jours que pour quelques opérations grossières d'arpentage. La première mesure qu'il fit à l'aide d'une lunette mobile sur un quart de cercle de 9 pieds 7 pouces de rayon à la bibliothèque du roi est du 2 octobre 1667 ; cette date est assurément l'une des plus importantes dans l'histoire de l'astronomie, elle marque un grand pas fait en avant. On ne s'étonnera pas des difficultés que rencontra Picard à l'origine, lorsqu'il voulut faire adopter cette méthode d'observation, si l'on songe que l'illustre Hével, quoique très expert lui-même dans la construction des lunettes, a préféré jusqu'à sa mort se servir des pinnules de Tycho pour la mesure des distances angulaires. Il est assez naturel que Picard n'ait pas excité tout d'abord un grand enthousiasme par une invention qui permettait seulement de pointer avec plus de précision sur les étoiles dont on voulait déterminer les positions, résultat qui ne pouvait être apprécié que par une longue expérience, tandis que les découvertes qui se rapportaient à des phénomènes isolés et faciles à comprendre émerveillaient la foule et contentaient le roi. Explorer la surface du soleil et le voir tourner lentement avec ses taches, admirer les montagnes de la lune, épier le mouvement des satellites de Jupiter et de Saturne, constater l'exacte échéance des éclipses que déjà les calculs de la théorie prédisaient avec une précision remarquable, voilà ce qui semblait à cette époque être la véritable mission des astronomes. Les observations d'aspect et de vision, qui révélaient chaque jour quelque nouveau détail sur la constitution physique du système solaire, avaient encore le charme de la nouveauté, qu'elles ont perdu depuis que nous apprenons tout cela à l'école. Les éclipses étaient des événements publics, les planètes ne se découvraient pas encore à la douzaine ; on avait sur l'avenir des conquêtes réservées aux lunettes d'approche des illusions auxquelles nous avons renoncé, et l'on ne comprenait pas qu'on perdait sans retour l'occasion de faciliter par des mesures précises la tâche de la postérité. L'insouciance avec laquelle on traita les projets de Picard a retardé de près d'un siècle les progrès de l'astronomie d'ensemble et de mesure.

Picard ne se contenta pas d'ailleurs de perfectionner ainsi les moyens d'observation, il a aussi posé les principes de la rectification des instruments astronomiques, et l'on voit dans ses ouvrages qu'il n'a jamais négligé les précautions minutieuses qu'il recommande aux observateurs, et qui consistent dans l'étude des erreurs instrumentales. C'est là qu'est toute la précision des observations modernes. On doit enfin au prieur de Rillé le procédé qui est devenu en quelque sorte la cheville ouvrière de l'astronomie pratique : l'observation du passage des astres au méridien.[1] Ce procédé fait connaître les positions relatives des étoiles sur la sphère céleste par le temps qui s'écoule entre leurs passages et par leurs distances au pôle, mesurées sur un cercle divisé. C'est par ce moyen qu'on obtient aujourd'hui en quelques années des catalogues d'étoiles qui renferment des milliers de positions ; il sert en outre à déterminer avec précision les places successives que le soleil et les planètes occupent par rapport aux étoiles fixes, et l'on ne connaît pas de procédé plus simple ni plus sûr pour régler la

---

[1] Le landgrave Guillaume avait déjà observé des passages d'étoiles à l'aide de ses quarts de cercle et d'horloges encore dépourvues de pendules, mais il n'avait pas remarqué combien il est important de faire ces sortes d'observations dans le méridien.

marche des pendules.

C'est sur les observations méridiennes que reposent les fondements de l'astronomie moderne. Elles nous ont appris que rien n'est fixe dans le ciel : tout change, tout varie, tout se déplace par un travail insensible que révèlent seulement des observations longtemps continuées avec les instruments les plus délicats. Il semble quelquefois que les résultats soient d'autant plus grandioses que les quantités qu'il s'agit de mesurer sont plus imperceptibles. La découverte du mouvement de translation générale qui emporte le système solaire vers des parages inconnus n'est due qu'à une discussion minutieuse des positions successives de quelques milliers d'étoiles, discussion qui a fait reconnaître des variations progressives si petites qu'elles n'ont force probante que par la constance et la régularité avec laquelle elles se manifestent. On comprend quelle patience résignée exige ce genre d'observations, destiné à accumuler des grains de sable qui ne font une montagne qu'au bout de quelques vingt ou trente années. Avec les moyens d'observation sont venus les devoirs, et ils sont lourds. Pour être grand ici, il faut se faire petit, s'inquiéter de ce qui paraît insignifiant, tenir compte des moindres erreurs, parce qu'elles peuvent contenir en germe une découverte importante, ne se fier à la stabilité de rien, ni au sol sur lequel on marche, ni aux blocs de pierre sur lesquels on s'appuie, ni à la régularité des horloges, ni même au témoignage des yeux, car l'erreur se glisse encore jusque-là. L'observation de la veille ne ressemble jamais exactement à celle du lendemain ; c'est dans les différences que se trouve l'inconnu. De là l'importance capitale des conditions extérieures dans lesquelles est placé un observatoire ; si l'accident vient se mêler à chaque instant au travail mystérieux des causes qui modifient les phénomènes et qu'il s'agit de surprendre, on perd sa peine, et tout est à recommencer.

Le grand travail de Picard, celui pour lequel il a été le plus souvent cité et qui lui fit le plus d'honneur aux yeux de ses contemporains, est la mesure de l'arc du méridien compris entre Malvoisine, au sud de Paris, et Sourdon, près d'Amiens. Ses triangles furent assis sur une base qu'il détermina entre Villejuif et Juvisy, sur un chemin pavé en ligne droite et offrant très peu d'inégalités. Cette mesure de la terre a été la première qui fût digne de quelque confiance ; Picard y employa déjà ses quarts de cercle garnis de lunettes au lieu d'alidades à pinnules. On pense bien qu'il rêva d'en faire l'application à l'Observatoire. En octobre 1669, il communiquait à l'Académie des Sciences un plan détaillé des travaux qu'il serait utile d'entreprendre pour perfectionner l'astronomie. Il insista sur la nécessité de former un nouveau catalogue d'étoiles et de corriger les tables du soleil ; il exposa combien il était urgent de déterminer l'influence de la réfraction atmosphérique sur les hauteurs apparentes des astres, en ayant égard aux circonstances météorologiques et surtout à la température, précaution que Flamsteed négligeait encore vingt-cinq ans plus tard. Ces projets, dont l'exécution eût fait faire à la science un progrès immense, furent oubliés lorsque Cassini arriva d'Italie avec un plan tout différent, destiné à éblouir la foule.

L'astronome italien avait mérité le suffrage de Picard par les recherches qu'il venait de publier sur les satellites de Jupiter, et Picard l'avait chaudement recommandé à Colbert comme un homme dont il serait difficile de se passer. Il ne lui vint pas un instant à l'idée qu'il se créait ainsi un rival capable de l'éclipser et de nuire à sa gloire, quoiqu'il fût assez facile de prévoir dès lors que Cassini se trouverait l'objet de toutes les préférences. On peut regretter aujourd'hui que l'abnégation de Picard n'ait pas été un peu moins grande. Le roi Louis XIV, qui ne demandait pas mieux que d'attirer en France les savants étrangers, fit faire à Cassini les propositions les plus flatteuses ; il entreprit à ce sujet une négociation diplomatique qui fut couronnée de succès : le pape Clément IX consentit à laisser partir son grand homme. Colbert envoya une somme de 1,000 écus à Cassini pour les frais de voyage, et lui assura une pension annuelle de 9,000 livres ; le pape de son côté promit de lui conserver les émoluments de ses charges, ce qui eut lieu pendant quelques années. Cassini arrivait à Paris au mois d'avril 1669 ; provisoirement logé au Louvre, il put, en 1671, transporter son domicile à l'Observatoire, tandis que l'abbé Picard ne trouvait à s'y loger que deux ans plus tard. Il n'y eut d'ailleurs jamais plus de quatre ou cinq habitants dans ce vaste bâtiment, où l'on parvenait à peine à pratiquer pour les observateurs quelques réduits informes que l'épaisseur des murs rendait humides et malsains.

Cassini, qui savait plaire en même temps qu'étonner, eut à la cour un succès prodigieux. Il fut souvent admis à entretenir le roi, la reine et les autres membres de la famille royale ; qui trouvèrent dans sa conversation un charme toujours nouveau. Il montrait à Colbert et aux seigneurs de la cour les taches du soleil, il leur faisait observer les éclipses, et l'on s'en allait content et flatté de voir tout cela aussi bien que lui. Lorsqu'il avait fait quelque découverte, il ne manquait jamais de l'apporter aux pieds du grand roi avec des marques d'adulation qui étaient assez dans les mœurs du temps. Ainsi il proposa de donner le nom de *sidera Lodoïcea*, — astres de Louis, — aux quatre satellites de Saturne qu'il découvrit à Paris de 1671 à 1684 avec les lunettes de Campani, comme Galilée avait appelé *sidera Medicœa* les satellites de Jupiter.[1] Le roi ne restait pas insensible à des flatteries aussi délicates, qui semblaient assurer à sa gloire des monuments plus durables que le marbre et le bronze. Les monuments sont restés, mais la postérité en a effacé le nom du roi.

Une curiosité assez naturelle poussait à cette époque les astronomes à faire l'essai de lunettes de dimensions colossales au moyen desquelles ils se flattèrent de pouvoir pénétrer tous les mystères des mondes planétaires. Hooke parlait de faire des lunettes de 10,000 pieds qui permettraient de voir des animaux dans la lune. Auzout était d'avis qu'il suffirait d'avoir des instruments assez puissants pour nous y faire apercevoir des édifices ou des flottes, d'où on pourrait conclure à l'existence des habitants. Il se contentait d'une longueur de quelques centaines de pieds. Des lunettes de ces dimensions firent en effet une apparition passagère à l'Observatoire, il y en eut une qui avait 300 pieds de foyer, ce qui suppose un tube d'une longueur égale à la hauteur de la flèche des Invalides. Ces tubes monstrueux ne pouvaient plus être installés dans le bâtiment même, il fallut les laisser en plein air sur la terrasse. Pour les diriger, on essaya d'abord de les suspendre à des mâts d'une hauteur prodigieuse au moyen de poulies et de cordes ; on fit même venir à cet effet une tour de bois colossale au sommet de laquelle la machine de Marly déversait peu de temps auparavant les eaux destinées aux réservoirs de Versailles. Auzout et Cassini se décidèrent ensuite à supprimer tout à fait le

---

1 Le souvenir de ces découvertes fut consacré par une médaille commémorative qui porte en exergue : *Satellites Saturni primum cogniti*.

tuyau des lunettes ; on hissait les objectifs à une certaine hauteur, et l'observateur se plaçait au foyer avec l'oculaire à la main. La lunette se trouvait ainsi réduite aux deux pièces essentielles qui en déterminent l'effet optique, mais l'on s'aperçut bientôt qu'il était impossible de manœuvrer ces deux pièces avec la précision requise pour obtenir des images distinctes, et Cassini dut renoncer à ce genre d'entreprises,, qui contribuèrent cependant à augmenter son prestige. En le jugeant aujourd'hui, à deux siècles de distance, nous ne pouvons-nous empêcher de remarquer, qu'il y avait en lui du charlatan ; la réputation si brillante qu'il a su se faire parmi ses contemporains reposait autant sur des tentatives hasardeuses et même sur de simples vanteries que sur des travaux d'un mérite réel. Fontenelle, le panégyriste de l'Académie, le complimente avec admiration pour avoir prédit au roi, en présence de toute la cour, la route que devait suivre une comète qu'il n'avait observée qu'une fois ! « C'était, ajoute-t-il, une espèce de destinée pour lui que de faire de pareilles prédictions aux têtes couronnées. » Cet éloge ressemble aujourd'hui à un sarcasme.

En 1664, à Rome, Cassini avait déjà émerveillé la reine Christine en lui traçant « hardiment » sur le globe céleste la route d'une comète dont il venait de faire deux observations ; on comprend qu'il lui suffit de prolonger sur le globe l'arc de cercle qui joignait les deux positions observées. En 1680, à Paris, il y a évidemment progrès. A l'occasion, on le voit s'emparer des idées et même des travaux d'autrui : il s'attribuait volontiers l'honneur d'avoir dirigé la mesure de la terre exécutée par l'abbé Picard. Dans ses recherches théoriques, il suit le plus souvent les errements consacrés depuis longtemps ; les découvertes de Kepler et de Newton sont pour lui lettre close. « Entraîné, dit Arago, par l'aveugle désir d'attacher son nom à une découverte qui portât sa réputation à la postérité la plus reculée, il proposa inconsidérément de substituer aux orbites elliptiques de Kepler une courbe nouvelle, qui fut nommée la *cassinoïde*. Le sculpteur à qui l'on doit la belle statue placée dans l'amphithéâtre de l'Observatoire a eu la pensée malheureuse de tracer la *cassinoïde* sur le carton que Cassini tient à la main. » Quand Roemer découvre la propagation successive de la lumière, Cassini la conteste ; son neveu Maraldi écrit un mémoire contre Roemer, et Fontenelle, le secrétaire de l'Académie, le félicite d'avoir si bien réfuté une erreur séduisante qui allait prévaloir ! On comprend maintenant les véhéments reproches adressés à Cassini par feu M. Biot, qui déclarait en toute occasion que la venue de Cassini en France avait été une calamité pour l'astronomie. Si néanmoins il a joui longtemps d'une réputation universelle, c'est d'abord qu'il avait réellement des qualités brillantes et qu'il étonnait par son vaste savoir ; ensuite il était laborieux, plein de zèle, remuant, il tenait sans cesse en haleine l'attention du public ; il employait des moyens extraordinaires tels que ses *gnomons*, ses longues lunettes ; il savait faire du bruit autour de la moindre de ses trouvailles, et établir une entière solidarité entre sa gloire et celle du grand roi, dont il se donnait pour mission ostensible d'illustrer le règne. C'est ainsi que se font les réputations.

Quand l'Observatoire fut remis entre les mains de Cassini, l'abbé Picard partit pour le Danemark afin de visiter les ruines d'Uranibourg et pour déterminer exactement la latitude du lieu où Tycho avait observé. Des fouilles qu'il pratiqua dans le sol lui firent retrouver les fondations du bâtiment. Il y exécuta quelques recherches intéressantes, et se rendit ensuite à Copenhague afin de visiter l'observatoire de la Tour-Ronde, dont la construction était achevée depuis quinze ans. C'est là qu'il rencontra Olaüs Roemer, alors âgé de vingt-sept ans, dont il devina le génie et qu'il ramena en France. Roemer devint bientôt l'un des membres les plus distingués de l'Académie nouvellement fondée. En 1673, l'abbé Picard eut lui-même son logement à l'Observatoire, ainsi que Couplet, le premier trésorier perpétuel de l'Académie, à qui l'on confia la garde du « cabinet des machines. » Aidé de Roemer et d'Adrien Auzout, Picard commença dès lors ses premiers essais d'observations méridiennes ; mais il eut la plus grande peine à obtenir seulement les instruments dont il avait besoin. « Les préférences, dit Delambre, n'étaient plus pour Picard, il avait cessé d'être l'astronome en crédit. Le public voyait les murs de l'Observatoire, il s'informait peu si cet établissement somptueux était fourni des instruments les plus nécessaires. On a vu depuis Catherine II faire exécuter à Londres à grands frais les plus chers instruments astronomiques ; ils furent envoyés à Pétersbourg, les gazettes en répandirent la nouvelle par toute l'Europe, c'était tout ce qu'on voulait ; les instruments restèrent quinze ou vingt ans dans leurs caisses sans qu'on songeât à en tirer le moindre parti, sans même au moins les suspendre pour les offrir aux regards des amateurs. »

On trouve dans l'*Histoire céleste* de Lemonnier les observations que Picard fit à Paris et qui se continuent jusqu'à l'année 1682, qui est celle de sa mort On y voit qu'il a fait planter à Montmartre un grand pilier de bois dans la direction de la méridienne ; ce pilier a été plus tard remplacé par une pyramide. Les observations de l'étoile polaire lui firent reconnaître une variation annuelle dont l'existence réelle lui parut démontrée, mais dont il ignora toujours la cause ; elle ne fut expliquée que cinquante ans plus tard par Bradley, lorsque celui-ci découvrit le phénomène de l'aberration de la lumière.[1] C'est aussi à cette époque que Picard obtint du roi l'autorisation de fonder *la Connaissance des temps*. La première année de ce recueil, si important pour les astronomes et les navigateurs, parut en 1679 ; il forme aujourd'hui une collection de 190 volumes. Le *Nautical Almanac* anglais n'a été fondé qu'en 1767, le *Jahrbuch* de Berlin fut publié pour la première fois en 1776. Picard est mort à l'âge de soixante-deux ans, Cassini atteignit l'âge de quatre-vingt-sept ans.

Le quart de cercle mural de cinq pieds que Picard n'avait cessé de réclamer depuis qu'il habitait l'Observatoire ne fut mis en état de servir qu'après sa mort. On l'accrocha au mur de la tour orientale, sous un frêle abri qui devint l'observatoire véritable. L'astronome La Hire en vérifia plusieurs fois la situation et l'arrêta enfin dans le plan du méridien le 25 avril 1683. Avant cette époque, il avait déjà fait une série d'observations à la porte Montmartre ; il les continua pendant plus de trente ans à l'Observatoire, et il est à regretter que le recueil qui en a été formé, très précieux pour le temps, n'ait pas été publié à une, époque où il eût été unique. Ce n'est qu'en 1741 qu'une faible partie des résultats obtenus par La Hire fut publiée par Lemonnier. Au jugement de Delambre, qui les a examinées, ces observations valent cependant toutes celles

---

1 La vitesse de propagation de la lumière et celle de la translation de la terre se combinent de manière à nous faire paraître les rayons lumineux légèrement déviés de leur véritable direction ; c'est ce que l'on appelle l'aberration. On observe un phénomène analogue lorsqu'on regarde la pluie pendant qu'on est emporté par un train sur un chemin de fer ; les filets d'eau semblent alors tomber dans une direction inclinée, qui se redresse quand le train s'arrête.

qui ont été faites dans la première moitié du XVIIIe siècle ; mais ce n'est qu'à partir de 1750, année où Bradley fit renouveler les instruments de Greenwich, que nous possédons des observations assez exactes pour être comparées, celles qui sont exécutées de nos jours. Bradley adopta la *lunette méridienne* de Roemer, et s'en servit avec tant de succès, que les déterminations obtenues par lui ont fourni aux astronomes modernes un repère pour calculer les changements séculaires des étoiles fixes.

Nous avons vu que Roemer avait été amené en France par l'abbé Picard ; il paya sa bienvenue par la découverte de la vitesse de la lumière, qu'il fit connaître en 1675. C'est en examinant les éclipses des satellites de Jupiter, observées à Paris par Cassini, que Roemer trouva que la lumière ne se propage point instantanément. Les éclipses avaient été notées trop tôt quand Jupiter avait été très près de la terre, et trop tard quand la planète était très éloignée ; ces différences s'expliquaient d'une manière toute naturelle en supposant que la lumière a besoin, d'un certain temps pour franchir l'espace. Cette découverte, contestée par Cassini, est l'une des plus brillantes qui se rattachent à l'histoire de l'observatoire de Paris. Roemer quitta la France vers 1681. Élève de Picard, il transplanta en Danemark l'astronomie de précision ; il inventa la lunette méridienne, qui tourne librement sur un axe reposant sur deux piliers, et qui constitue un immense progrès par rapport à l'ancien quart de cercle mural. C'est cet instrument qui, perfectionné entre les mains des astronomes modernes, est devenu le plus important de tous ceux qui sont en usage dans les observatoires. Les observations que Roemer fit lui-même jusqu'à sa mort, arrivée en 1710, et celles de son élève Horrebow, qui lui succéda, ont été perdues dans l'incendie qui dévora l'observatoire de Copenhague en 1728.

Section II

Au commencement du XVIIIe siècle, les observatoires de Greenwich et de Copenhague étaient donc entrés dans la voie tracée par Picard et Roemer ; à Paris, La Hire seul suivait le plan de son maître. L'école des Cassini y florissait, et pendant près d'un siècle les travaux de l'Observatoire furent de préférence tournés vers les recherches d'astronomie physique, où les conquêtes sont plus faciles et en apparence plus brillantes ; Cassini Ier mourut en 1712 et laissa la direction de l'Observatoire à son fils Jacques, qui la transmit à son tour en 1756 à son fils César-François Cassini de Thury ; en 1784, ce dernier la laissa en héritage à Jean-Dominique Cassini de Thury, dit le comte de Cassini, capitaine de cavalerie au régiment de la Marche, qui la résigna en 1793. Sous le règne de Cassini II, en 1732, on songe enfin à établir un nouveau quart de cercle mural de 2 mètres de rayon, mais il est impossible de découvrir dans le vaste édifice un coin où cet instrument pourrait s'installer commodément. L'Académie des Sciences se décide alors à faire bâtir un cabinet extérieur attenant à la tour orientale. En 1742, on se voit obligé de construire un second cabinet à côté du premier afin d'y établir un quart de cercle mobile. Quelques années après, vers 1760, une petite tourelle à toit tournant fut érigée au sud des deux premières bâtisses ; on y faisait des observations pour la détermination de l'heure exacte des phénomènes. « Ces trois petites pièces construites avec une extrême parcimonie et sans aucune solidité formèrent, dit Arago, pendant de longues années le véritable, le seul observatoire royal de Paris. Le fastueux monument de Perrault dominait majestueusement ces masures, mais il n'était, pour nous servir d'une expression de l'époque, qu'un observatoire de parade. » Ce grand édifice ne tarda pas d'ailleurs à se ressentir de l'insouciance qui caractérise les dernières années du règne de Louis XV, et dont les autres monuments de la capitale portèrent également les traces. Vers 1770, cette masse, qui n'avait pas encore un siècle d'existence, menaçait ruine. Les tassements, qui s'étaient déjà fait sentir pendant la construction de l'Observatoire et avaient obligé de reprendre les fondements plus bas, avaient continué : les deux façades de l'est et du midi s'étaient affaissées et avaient entraîné la rupture des plates-formes et des voûtes, que l'infiltration des eaux pluviales crevassait sans qu'on fît la moindre tentative pour les réparer. Les murailles tombaient pièce à pièce ; on ne se hasardait plus à pénétrer dans les salles qu'avec des précautions extrêmes, surtout par les temps de dégel. Les sollicitations incessantes du comte de Cassini, qui s'appuyait sur les rapports de l'Académie des Sciences, arrachèrent enfin à MM. de Breteuil et d'Angivillers une promesse de restauration. Cassini voulait d'ailleurs profiter de cette occasion pour faire subir à l'Observatoire une transformation profonde qui l'aurait mis au niveau des établissements modernes : il proposait de raser l'étage supérieur, dont la grande élévation est au point de vue astronomique, un vice rédhibitoire. M. d'Angivillers repoussa cette idée. « L'œuvre de Perrault, disait le ministre, devait, à cause de sa masse imposante et de son style sévère, être rangée parmi les principaux ornements de la capitale ; il n'était pas possible de proposer sérieusement à Louis XVI de faire détruire un monument érigé par son aïeul et qui n'avait pas encore cent ans d'ancienneté, un monument où d'ailleurs le grand roi était allé observer en personne. » Il fut décidé en conséquence que rien ne serait changé aux dispositions générales de l'édifice, et la restauration promise s'opéra de 1786 à 1793, par les soins des deux architectes Brebion et Renard, de manière à défier les siècles. Dès 1777, on avait réparé les petits cabinets bâtis contre la tour orientale ; mais ces premiers travaux avaient été exécutés avec une telle mesquinerie, qu'ils ne pouvaient apporter qu'un remède passager au délabrement progressif des salles d'observation.

Dans ses projets de restauration de l'Observatoire, le comte de Cassini avait aussi représenté au ministre que les opticiens français ne manquaient ni d'ardeur ni de talent, qu'ils n'avaient besoin que d'être encouragés. Il avait donc demandé l'établissement d'un atelier spécial où se construiraient tous les grands appareils. Cet atelier fut en effet installé dans la tour orientale de l'Observatoire ; on y dressa des marbres destinés à la vérification des instruments, dans la cour fut établie une fonderie où l'on se proposait de couler les pièces essentielles. C'est là qu'a été coulée d'un seul morceau la grande roue de cuivre de 2 mètres de diamètre qui a servi plus tard à la construction d'un cercle mural. Cassini avait désiré en outre qu'un fonds fût affecté à l'entretien du matériel et à l'achat d'instruments nouveaux. Il avait insisté pour obtenir un personnel de trois ou quatre jeunes gens qui devaient, sous sa direction, commencer un cours complet d'observations astronomiques et météorologiques ; l'Observatoire pouvait ainsi devenir une école d'astronomie pratique où se formeraient les marins et les voyageurs. Ce projet fut adopté en entier malgré quelques résistances qui se produisirent, comme il s'en produit toujours quand il s'agit de réformes d'une utilité évidente. Cassini eut trois élèves, Nouet, Villeneuve et Ruelle, qui se mirent immédiatement à travailler d'après ses instructions. Ce qui manquait cependant, c'était une collection de bons instruments. Cassini avait profité d'un voyage en Angleterre pour commander à Ramsden une lunette méridienne de 7 pieds 1/2, semblable à celle de Palerme ; mais la mort de l'artiste en retarda la livraison jusqu'en 1804. Elle est aujourd'hui à Toulouse.

Nous voyons ainsi pendant cent trente ans les astronomes de l'observatoire de Paris expier la faute originelle commise par les fondateurs de cet établissement. Privés d'instruments d'une précision suffisante aussi bien que d'un local propre à les recevoir, ils ne peuvent entreprendre aucun de ces travaux d'ensemble qui font la gloire des observatoires modernes. Les quatre Cassini et leurs collaborateurs n'ont jamais pu exécuter à Paris que des recherches de détail. Ils ont sans doute complété et perfectionné plusieurs parties de l'astronomie, ils se sont illustrés par quelques découvertes isolées et en quelque sorte personnelles ; mais ces découvertes sont pour la plupart de celles qu'un amateur en possession d'une bonne lunette peut faire en l'installant dans son jardin. Les grands travaux de cette époque sont ceux qui se sont faits en dehors. Dominique Cassini avait prolongé la mesure de la méridienne jusqu'aux Pyrénées, et cette opération considérable lui eût fait le plus grand honneur, s'il n'en avait pas conclu que la terre était allongée vers les pôles, résultat diamétralement opposé à celui que Newton déduisit de ses théories. Les expéditions de La Condamine au Pérou et de Maupertuis aux régions polaires devaient confirmer d'une manière éclatante les prévisions du grand géomètre anglais, comme le voyage de Richer à Cayenne lui avait déjà donné raison sur un autre point. A ces entreprises scientifiques, qui ont jeté un si grand éclat sur l'Académie des Sciences au siècle dernier, l'Observatoire n'a pris qu'une part très indirecte. On peut dire néanmoins qu'il en conserve en quelque sorte le souvenir historique. C'est là que Richer suivait la marche de sa pendule avant de partir pour Cayenne ; il l'y vérifiait après son retour, et constatait par cette comparaison un phénomène inattendu, la diminution que la pesanteur des corps terrestres subit à mesure qu'on se rapproche de l'équateur. Les mêmes salles ont été témoins des essais, des préparatifs minutieux qui précédèrent les mesures exécutées en France, au Pérou et en Laponie pour déterminer la grandeur et la figure de la terre. C'est à l'observatoire de Paris que Cassini de Thury élabora sa *Description géométrique* de la France, ouvrage qui a fait sa principale occupation.

Si les observations de précision et d'ensemble étaient forcément négligées à l'établissement royal, on n'en faisait pas moins de très importantes à Paris vers la fin du siècle dernier. L'école militaire possédait un observatoire bâti en 1768 pour Jeaurat, et dans lequel Jérôme de Lalande entreprit de faire la statistique du ciel. L'*Histoire céleste française*, de Lalande, renferme 48,000 étoiles observées au cercle mural et à la lunette méridienne. Ces observations, que Lalande avait fait commencer en 1782 par Lepaute d'Agelet et continuer ensuite par son neveu Michel-Lefrançais Lalande, n'ont été calculées qu'en 1847 aux frais de l'Association britannique ; elles forment la base du fameux catalogue d'étoiles dont les astronomes font aujourd'hui un usage presque journalier. Des travaux à la vérité moins grandioses, mais d'une utilité incontestable, s'accomplissaient encore dans une foule d'autres observatoires que la misérable situation de l'établissement royal faisait éclore dans tous les coins de Paris. Au collège Mazarin, La Caille avait depuis 1746 un petit observatoire qui passait pour le plus commode de Paris, et dans lequel il a exécuté une série de recherches remarquables ; en 1760, il avait même installé une lunette méridienne. Lemonnier effectua dans la rue des Postes et plus tard au couvent des Capucins de la rue Saint-Honoré une longue suite d'observations de la lune. Delisle, qui de 1710 à 1715 avait eu à sa disposition le dôme du palais du Luxembourg, forma en 1747 à l'hôtel de Cluny l'observatoire de la marine que Messier rendit célèbre par ses nombreuses découvertes de comètes. Delambre a longtemps observé rue de Paradis. Les phénomènes du ciel jouissaient d'ailleurs à cette époque d'une grande popularité. Il était passé en usage que les astronomes les plus renommés se rendissent près du roi toutes les fois qu'une éclipse de quelque importance devait avoir lieu. Ainsi lors de l'éclipse du 26 juillet 1748, Cassini de Thury et La Condamine étaient à Compiègne avec le roi Louis XV pour le faire assister à leurs observations. Les grands seigneurs se piquaient d'avoir chez eux de bonnes lunettes et de savoir s'en servir. Le duc du Maine avait un observatoire à Sceaux, le marquis de Cortanvaux en monta un à Colombes, le roi avait le sien au château de La Muette. L'astronomie était la science à la mode ; on ne lui demandait plus les secrets de l'avenir, mais chacun voulait contempler de ses propres yeux ces mondes mystérieux qu'une sublime invention avait rapprochés de nous. Toute cette agitation ne pouvait aboutir qu'à des résultats insignifiants ; les efforts isolés des observateurs mal installés et privés d'instruments convenables furent perdus pour l'avancement des théories. Quelle hauteur aurait pu atteindre l'astronomie observatrice en France, si Picard et Roemer l'eussent inaugurée dans un observatoire disposé pour les besoins de la science, où des hommes tels que La Caille et Lalande auraient été leurs successeurs !

Le comte de Cassini, quatrième du nom, avait enfin compris qu'il était urgent de faire subir à l'Observatoire de Paris une transformation propre à l'élever au niveau de la science de ce temps, quand ses opinions politiques, très arrêtées, l'écartèrent de la scène. Le 30 août 1793, la convention décréta que l'Observatoire serait désormais confié à quatre personnes qui prendraient à tour de rôle pendant une année le titre et les fonctions de directeur, mesure absurde et dont l'exécution eût paralysé tout élan. Les quatre personnes désignées furent Cassini et ses trois élèves. Cassini donna aussitôt sa démission ; à peine l'eut-il fait, qu'il reçut l'ordre de quitter l'Observatoire dans les vingt-quatre heures. L'année suivante, il fut mis en prison ; mais la réaction de thermidor l'en fit sortir après une détention qui avait duré sept mois et demi. Bouvard lui avait succédé comme directeur temporaire. En 1795, ce dernier fut remplacé par Jérôme de Lalande. Le 25 juin de la même année fut rendu le décret qui constituait le bureau des longitudes, ayant pour attributions spéciales de suivre les progrès de l'astronomie dans l'intérêt de la marine, de diriger les observatoires et d'en créer de nouveaux, de publier la *Connaissance des temps* et de veiller à ce qu'il y eût un cours public d'astronomie.

Le bureau des longitudes s'occupa immédiatement de la restauration de l'Observatoire. Méchain dirigea les réparations des bâtiments et l'installation des nouveaux instruments, parmi lesquels se trouva enfin une petite lunette méridienne de Lenoir.[1]

---

1 Deux quarts de cercle payés chacun 10,000 francs, un télescope de 22 pieds, un

Les observations commencèrent à être poursuivies d'une manière régulière à partir de 1800. En 1822, la munificence du duc d'Angoulême dota l'Observatoire du grand cercle mural de Fortin ; la petite lunette méridienne a été remplacée successivement par un instrument de Ramsden et par une lunette de Gambey d'une puissance médiocre, mais d'une exécution très parfaite. L'édifice même ne reçut dans les trente années qui suivirent aucune amélioration digne de remarque ; on se contenta de démolir les misérables bâtiments qui le masquaient de toutes parts. C'est aussi pendant cet intervalle que l'on exécuta la belle avenue qui conduit de l'Observatoire au Luxembourg, le remblai formant au midi la terrasse plantée, si propre aux observations magnétiques, enfin les grilles et les murs de soutènement qui ont enfermé dans une vaste enceinte entièrement isolée l'Observatoire avec toutes ses dépendances.

De 1800 à 1829, Méchain, A. Bouvard, Arago, M. Mathieu, puis Nicollet, se livrèrent à des observations assez régulières du soleil, de la lune, des planètes et des principales étoiles. Vers 1829 cependant, le mauvais état du local rendait ces travaux de plus en plus rares, et l'on se vit à la fin obligé de les suspendre complètement. Dans le courant de 1831, la chambre des députés, instruite du véritable état des choses, s'en émut et vota spontanément une allocation double de celle qui lui était demandée. Arago, qui dirigeait l'Observatoire au nom du bureau des longitudes, fît alors refaire de fond en comble la salle destinée aux instruments méridiens ; elle prit l'aspect solide et sévère qu'elle offre encore aujourd'hui. Les piliers des instruments reposent sur un énorme mur de 2 mètres d'épaisseur et de 5 mètres de profondeur, établi primitivement pour soutenir la terrasse ; ce mur, qui traverse la partie basse de la salle de l'est à l'ouest, a été bâti avec un ciment de bonne qualité et ne forme plus qu'un bloc unique. Si ce local ne réunit pas toutes les qualités désirables, il abrite au moins les beaux instruments qu'il renferme et permet d'en tirer un parti avantageux.[1]

L'observatoire de Paris possédait depuis lors tous les instruments de première nécessité, installés d'une, manière assez satisfaisante équatorial d'Hautpois, qui avait aussi coûté 10,000 francs, complétaient l'arsenal astronomique de l'Observatoire à cette époque.

1 Un nouveau cercle mural de Gambey vint à cette époque s'ajouter à la lunette méridienne de Gambey et au cercle de Fortin.

pour qu'il fût possible d'entreprendre une étude suivie du cours des astres. Toutefois d'autres inconvénients assez graves commençaient à se faire sentir. Bâti autrefois sur des terrains en friche, l'Observatoire se trouvait maintenant enfermé dans l'enceinte de la ville, qui s'était étendue considérablement du côté du sud. Les vapeurs, la fumée, la poussière, le bruit, gênaient les observateurs ; les trépidations du sol causées par les voitures ébranlaient les piliers des instruments, pour lesquels la stabilité est cependant la condition la plus essentielle. Aussi M. Biot fit-il entendre à plusieurs reprises qu'on devrait enlever l'Observatoire à Paris et le transporter en rase campagne ; il ajoutait, il est vrai, qu'une fois le nouvel établissement construit dans la solitude, on ne trouverait pas de moines pour ce couvent. Malgré ces circonstances défavorables, une pléiade de jeunes observateurs, parmi lesquels il suffira de citer MM. Faye, Goujon, Victor Mauvais, Laugier, Plantamour, Villarceau, se mettait à l'œuvre et accumulait peu à peu de précieux matériaux dont la science a depuis tiré profit. L'utilité de ces observations eût été encore bien plus grande, si on les avait publiées d'une manière suivie et sous une forme qui les eût rendues accessibles ; mais l'on se contenta longtemps de n'imprimer que les résultats immédiats de l'observation, sans aucune réduction ni discussion. La conséquence inévitable fut qu'on resta longtemps dans une illusion nuisible sur la qualité des instruments et qu'on ne songea guère à en étudier les défauts ni à les perfectionner. Ce ne fut qu'à partir de 1854, quand l'Observatoire eut été enlevé au bureau des longitudes et placé sous la direction unique de M. Le Verrier, que l'on entreprit la réduction partielle des observations faites depuis 1800 ; les résultats de ce travail ont fourni la matière des dix premiers volumes des *Annales de l'Observatoire*.[1] En même temps les erreurs inhérentes aux instruments devinrent l'objet d'une étude attentive et sérieuse. Une nouvelle lunette méridienne de 9 pouces d'ouverture fut installée en 1863 à la place du cercle de Fortin. Elle est pourvue d'un grand cercle divisé, de sorte qu'elle fait l'office d'une lunette méridienne et d'un cercle mural : elle peut servir à la fois à l'observation des passages et à la mesure des hauteurs. L'acquisition de ce bel instrument, dont le pouvoir <u>optique surpasse</u> celui de toutes les lunettes méridiennes connues,

---

1 Ce qui reste à faire, c'est de former an catalogue général des étoiles observées à Paris. On n'a fait que le catalogue des étoiles dites fondamentales.

a permis d'accélérer considérablement un grand travail commencé depuis 1854, la révision du catalogue d'étoiles de Lalande. Déjà 15,000 de ces étoiles ont été observées à nouveau ; on espère que cette immense entreprise pourra être terminée en dix ans. La lunette de 9 pouces permettant d'aborder l'étude des petites planètes, l'observatoire de Paris et celui de Greenwich se sont partagé la surveillance de ce troupeau d'astres qui autrefois s'égaraient et se perdaient de temps en temps, faute d'avoir été dûment enregistrés ; on les observe à Paris depuis la pleine lune jusqu'à la nouvelle, et à Greenwich depuis la nouvelle jusqu'à la pleine lune. Il paraît même que le climat de Paris est assez favorable à ce genre d'observations, car l'année dernière on a obtenu à Paris 102 positions de petites planètes pendant que les astronomes de Greenwich n'en ont fourni que 33 pour leur part.

En dehors des observations méridiennes, il s'accomplit encore dans les grands établissements astronomiques une foule d'autres travaux aussi importants que variés et qui exigent des instruments d'une construction spéciale. La recherche d'astres nouveaux, — comètes et petites planètes, — peut à la rigueur être abandonnée aux amateurs ; une bonne lunette, une carte céleste très détaillée et beaucoup de patience, voilà tout ce qu'il faut pour entreprendre ce genre d'observations. Aussi voyons-nous Goldschmidt à Paris et M. Tempel à Marseille se faire un nom par les succès qu'ils obtiennent sur ce terrain malgré l'attristante exiguïté de leurs moyens d'observation. Aucun homme sérieux ne reprochera aux astronomes d'un grand observatoire de ne découvrir ni planètes ni comètes ; ils ont mieux à faire. Toutefois les recherches de ce genre n'ont pas été entièrement mises de côté à Paris. On y a découvert de nombreuses comètes, parmi lesquelles la plus intéressante est celle qui porte le nom de M. Faye. La recherche des planètes a été organisée efficacement, Sur la terrasse du midi s'élèvent deux pavillons surmontés de coupoles tournantes et réunis par une galerie ; ils renferment deux lunettes équatoriales de 8 et de 9 pouces d'ouverture,[1] dont l'une est mue par un mouvement d'horlogerie. C'est à l'aide de ces instruments que M. Chacornac a

---

1 On appelle lunette équatoriale une lunette montée sur deux axes, dont un parallèle à l'axe du monde, et qui peut tourner librement dans tous les sens. Conduite par un mouvement d'horlogerie, la lunette équatoriale peut suivre l'étoile, qui reste alors immobile dans le champ.

découvert à Paris cinq petites planètes et qu'il a construit ses belles cartes des régions zodiacales, si utiles pour la recherche des petits astres nouveaux. Les trente cartes déjà publiées renferment plus de 50,000 étoiles ; il resterait encore plus de quarante cartes à achever pour faire le tour du ciel. Les deux équatoriaux en question ont servi en outre à une étude activement poursuivie des taches du soleil.

Sur la tour de l'est se trouve depuis 1857 un troisième équatorial muni d'un objectif de 14 pouces. M. Loewy a employé cet instrument d'une manière assidue à fixer les positions des planètes et des comètes par rapport aux étoiles voisines ; les étoiles servent de repère, les distances se mesurent à l'aide d'un micromètre. La tour de l'ouest abrite depuis quinze ans le pied d'un équatorial aveugle, dont l'histoire est assez curieuse. Le bureau des longitudes avait acquis moyennant 25,000 francs un objectif de Lerebours, de 14 pouces d'ouverture, dont on se promettait merveille. La grande lunette de Poulkova n'a pas une dimension plus considérable. Pour le monter et l'établir sur la tour occidentale sous une coupole tournante, Arago demanda un crédit de 90,000 francs qui fut accordé. La charpente construite et la coupole installée, il se trouva que l'objectif était moisi ; l'humidité avait détruit les surfaces.

Dans ces dernières années, la construction des instruments astronomiques a fait un pas de plus vers la perfection, grâce aux études que M. Léon Foucault a entreprises sur les procédés de fabrication des grands objectifs et des miroirs de télescopes. L'Observatoire impérial possède deux télescopes à miroirs de verre argenté qui ont été construits par cet habile physicien. Un troisième, de dimensions gigantesques (le miroir n'a pas moins de 80 centimètres d'ouverture), a été envoyé à Marseille, où il est établi sous un dôme tournant. L'immense tube de bois, alourdi encore par le bloc de verre dans lequel on a taillé le miroir, tourne docilement sous l'action d'un rouage que la descente d'un poids met en mouvement ; toute cette colossale machine suit la rotation du ciel avec l'infaillible précision d'une montre à secondes. Le pouvoir de pénétration de ces télescopes est si considérable, qu'ils rivalisent avec les gigantesques appareils d'Herschel.

Parmi les travaux auxquels l'observatoire de Paris a pris une part plus ou moins directe, il faut enfin citer les opérations géodésiques accomplies dans les temps modernes, et notamment la mesure de la grande méridienne de France qui s'étend de Dunkerque à Fermentera. Un vaste projet d'une nature analogue est en voie d'exécution depuis nombre d'années : il ne s'agit de rien moins que de mesurer un arc de parallèle traversant toute l'Europe, de Valentia sur la côte d'Irlande jusqu'aux monts Oural. Cet arc doit compléter notre connaissance de la forme du sphéroïde terrestre en même temps qu'il reliera entre elles les nombreuses triangulations exécutées dans les divers pays. L'Observatoire impérial a contribué pour sa part à cette œuvre internationale en reprenant avec soin la détermination des longitudes et des latitudes d'un grand nombre de points importants du réseau français. Dès 1854, MM Faye et Dunkin ont rectifié la différence des méridiens de Greenwich et de Paris en comparant leurs pendules par l'intermédiaire du télégraphe électrique. Tout récemment, M. Yvon Villarceau a déterminé les latitudes et les longitudes d'un certain nombre de points, tels que Dunkerque, Rodez, Biarritz. La méthode employée pour obtenir la longitude est ici d'une simplicité extrême : la seconde donnée par une pendule est transmise par un relais télégraphique et battue simultanément à Paris et aux autres stations, de sorte que les observations se font partout à l'aide de la même pendule ; la différence des instants où la même étoile a été vue aux méridiens de ces stations donne alors directement la différence des longitudes. La discussion de ces résultats, entreprise par M. Villarceau avec un soin minutieux, a mis en lumière les défauts inhérents aux anciens triangles et la nécessité d'en refaire les principaux.

Lorsqu'il s'agit, comme dans ce cas, de comparer entre elles les observations exécutées par plusieurs personnes, on est toujours obligé de tenir compte de l'erreur physiologique propre à chaque observateur. Les astronomes en effet savent depuis longtemps qu'en notant l'instant d'un phénomène on se trompe ordinairement d'une fraction de seconde qui n'est pas la même pour différentes personnes, mais qui varie très peu pour le même observateur ; le cas le plus général est celui d'un retard de quelques dixièmes de seconde, on connaît cependant aussi des exemples de personnes qui *avancent*, ou qui notent les phénomènes trop tôt. La détermination de ces erreurs curieuses a fait l'objet d'une série de recherches très remarquables auxquels M. Wolf s'est livré dans ces derniers temps, et par lesquelles il a démontré qu'une éducation systématique peut réduire l'*erreur personnelle* à un minimum qui dès lors ne change plus.

Les travaux que je viens d'énumérer sont consignés dans les gros in-folio qui forment la collection imposante des *Annales* de l'Observatoire impérial. Ce n'est pas ici le lieu d'entrer dans des détails circonstanciés sur les recherches théoriques de M. Le Verrier, dont l'éclat rejaillit sur l'Observatoire de Paris. Après avoir découvert Neptune aux confins du système solaire par un calcul fondé uniquement sur les perturbations d'Uranus, M. Le Verrier a refait la théorie des mouvements de la terre, de Mercure, de Vénus et de Mars ; il ne s'est pas contenté de retoucher toutes les parties du système solaire, il a publié sur les étoiles fixes des recherches d'une grande importance et d'une sérieuse utilité. Malgré tant d'occupations personnelles, il a su imprimer aux travaux de l'établissement placé sous sa direction une vigoureuse et féconde impulsion et provoquer une foule de recherches vraiment neuves et intéressantes. Il a fondé le *Bulletin international*, qui depuis sept ans publie chaque jour l'état du temps observé dans les principales stations de l'Europe et transmis à Paris par le télégraphe. Aidé par M. Marié-Davy, il a organisé à l'Observatoire impérial l'institution des avertissements météorologiques, qui a déjà rendu de grands services à la navigation. Il a fondé l'Association scientifique française, distribué en province les observations météorologiques et commencé la publication d'un atlas des orages. On peut le plaindre de savoir si peu retenir près de lui ses collaborateurs, qui n'ont pas le temps de vieillir à l'Observatoire, on peut trouver à reprendre à la manière dont les observations ont été conduites jusqu'ici, puisque les instruments ont passé par trop de mains inexpérimentées ; mais on ne lui refusera pas du moins le mérite d'une initiative infatigable et d'une énergie rare. L'observatoire de Paris est aujourd'hui l'un des établissements les plus importants qui existent, si l'on en juge par le personnel qu'il occupe et par le budget des dépenses. Le service de l'Observatoire est réparti entre trois divisions. Celle des observations astronomiques comprend deux astronomes titulaires, quatre astronomes adjoints et deux assistants. La division de la physique du globe se compose d'un astronome, de trois adjoints et de quatre assistants. Un astronome adjoint et quatre assistants forment le personnel de la troisième division, qui comprend le secrétariat et le bureau des calculs. Un fonctionnaire qui porte le titre de physicien de l'Observatoire est en outre chargé d'attributions spéciales. Le directeur a donc à sa disposition trois astronomes, un physicien, huit adjoints et dix assistants.[1] Jusqu'en 1863, le budget de l'Observatoire s'élevait seulement à 128,060 francs, mais il a été porté plus tard à 153,060 francs. Le personnel prend sur cette somme 97,420 francs, il reste donc annuellement 55,640 francs pour les publications et pour l'entretien de l'établissement. Les frais d'achat des grands instruments sont faits par des allocations spéciales. Ces dépenses sont-elles justifiées par les résultats obtenus ? Il nous semble que la réponse ne peut être qu'affirmative. La publication prompte et expéditive des observations de Paris, qui ont été jusqu'ici aussi exactes que celles des autres grands établissements, doit être considérée comme un service très réel rendu à l'astronomie.

On vient d'agiter une autre question, celle du déplacement de l'Observatoire. Voici les motifs qu'on fait valoir pour l'obtenir. De nouvelles voies ont été percées dans le voisinage, et les habitations s'élèvent de tous les côtés avec une inquiétante rapidité. Sans cesse viciée par la fumée et par la poussière, l'atmosphère n'a plus en cet endroit la transparence qu'elle pouvait offrir il y a deux siècles. Mille bruits troublent pendant le jour les observations ; les cloches des nombreux établissements religieux du faubourg Saint-Jacques empêchent d'entendre les battements de la pendule. Le sol élastique qui recouvre les catacombes est continuellement agité par les trépidations que lui impriment les voitures ; on ne peut donc plus compter sur la stabilité des piliers qui supportent les instruments méridiens. Pendant la nuit, la lumière des becs de gaz qui éclairent les rues se projette sur les brouillards suspendus dans l'atmosphère, et les astres d'un faible éclat se perdent dans ce crépuscule artificiel. Vers 1846, nous dit M. Villarceau, la partie de l'atmosphère illuminée par l'éclairage de Paris ne s'étendait guère qu'aux deux tiers de la distance comprise entre l'horizon et le zénith ; on l'a vue atteindre et dépasser le zénith en 1858 ; il était alors facile de prévoir que désormais on ne découvrirait plus de

---

[1] Nous supposons que l'état du personnel n'a pas sensiblement varié depuis deux ans.

comètes télescopiques à Paris, et cette prévision s'est réalisée. En Grèce et en Russie, on a pu continuer d'observer des comètes qui étaient déjà devenues trop faibles pour les lunettes de Paris ; la cause de l'insuccès des astronomes français ne peut être cherchée que dans la situation topographique de l'Observatoire au milieu d'une ville éclairée par d'innombrables feux. Les vibrations du sol sont si fortes, nous dit M. Villarceau, qu'il est impossible de faire à Paris l'observation du nadir. Voici en quoi consiste cette opération. Un vase rempli de mercure est placé au-dessous de la lunette, que l'on amène dans une position verticale, l'oculaire en haut, l'objectif en bas. On monte sur un tréteau de manière à pouvoir regarder à travers les tubes et l'on cherche à voir, en dehors des fils réels qui traversent le champ, l'image des mêmes fils réfléchis par la surface du liquide. Si cette pâle image couvre les fils réels, le tube est exactement vertical, ou sur la ligne qui joint le zénith au nadir. On fait alors la lecture de la graduation du cercle, et la comparaison de deux observations successives de ce genre fait reconnaître les changements que l'instrument a éprouvés dans l'intervalle. Or à Paris ces observations sont impossibles selon M. Villarceau. A l'époque où la rue Saint-Jacques était encore pavée dans le voisinage de l'Observatoire, on put constater que chaque cahot produit par une lourde voiture de carrier déterminait une disparition instantanée de l'image des fils, après laquelle cette image reparaissait. Depuis 1854, M. Le Verrier a obtenu que les rues voisines fussent macadamisées ; on n'en constate pas moins une continuelle agitation du bain de mercure, et l'image des fils disparaît souvent pendant un temps assez long même lorsqu'il n'y a pas de voitures dans les rues très rapprochées, car ces trépidations se transmettent des quartiers éloignés, où les voitures circulent jour et nuit. M. Villarceau nous dit aussi qu'à Dunkerque il a toujours trouvé l'observation du nadir difficile par une mer forte, quoiqu'il fût installé à 1 kilomètre 1/2 des rivages. Lorsqu'il observait sur le glacis des fortifications de Brest, à 800 mètres de la cathédrale, chaque coup de cloche chassait l'image hors du champ ; des militaires étant venus plus tard dans les fossés des remparts se livrer à l'exercice de la trompette, les observations devinrent impossibles, et M. Villarceau dut s'adresser au commandant de place pour se débarrasser de ses persécuteurs. On pourrait citer encore les belles expériences que sir James South a effectuées en 1847 à l'aide d'un bain de mercure pour savoir jusqu'à quelles distances se propagent les trépidations du sol occasionnées par les trains des chemins de fer en marche. L'inconvénient signalé par M. Villarceau n'est que trop réel. Le sol de Paris tremble, la vie fiévreuse qui s'agite dans la grande ville et qui jamais ne s'endort fait frémir les édifices jusque dans leurs fondations. Posé sur ce terrain mouvant, le mercure se ride, frissonne, et au lieu d'une image pure, nettement définie, ne réfléchit que le trouble de la terre ébranlée dans ses profondeurs. C'est par l'intermédiaire de ce miroir liquide que l'écho de la fourmilière humaine vient sans cesse se mêler aux conversations que les astronomes ont avec les étoiles et leur rappeler qu'ils sont à Paris. A Poulkova, à quatre lieues de Saint-Pétersbourg, cet inconvénient n'est pas à craindre. Bâti sur un terrain vierge et protégé par un ukase contre toute invasion, il est à l'abri des vibrations qui seraient inévitables au sein d'une ville populeuse. Les fondations des piliers qui portent leurs têtes de granit dans les salles d'observation sont isolées et garanties contre la transmission du mouvement ou de la chaleur par un système de murs et de voûtes entre-croisées qui a fait dire à M. Struve que le luxe de son observatoire était dans les souterrains. A Paris, nous sommes bien loin de ces conditions de stabilité ; cependant, autant que je le sache, on observe le nadir à Paris de temps à autre, et cela peut à la rigueur suffire pour le genre d'observations qui s'y poursuit. La comparaison des observations de Paris avec celles de Greenwich montre d'ailleurs que l'exactitude est à peu près la même de part et d'autre, les différences sont tout à fait insignifiantes. Un célèbre astronome allemand, M. Auwers, a comparé le catalogue de Paris avec la moyenne de quatorze autres catalogues choisis parmi les meilleurs ; il résulte de son mémoire que les déterminations qui ont été obtenues à Paris de 1852 à 1861 sont aussi exactes que celles qui ont été données par la plupart des bons observatoires étrangers ; celles de Poulkova, sur lesquelles on fonde de grandes espérances, n'ont pas encore été publiées.

Ce qui peut nous inquiéter, c'est que depuis quelques années la situation de l'observatoire de Paris a empiré, et que l'avenir s'annonce menaçant. Un nouveau boulevard, qui portera le nom d'Arago, va être percé au sud ; une rue transversale destinée à le réunir à la rue Saint-Jacques doit passer au sud-ouest sur les terrains de l'Observatoire, et M. Le Verrier n'a pu obtenir de l'administration municipale que cette rue fut reportée à 20 mètres plus loin : cela nuirait, lui a-t-on dit, à la symétrie. Il est enfin question d'élargir la rue Saint-Jacques en prenant sur les terrains de l'Observatoire. Dans ces circonstances, qui s'aggraveront à mesure que la vie deviendra plus active dans les quartiers du sud, la tranquillité de l'Observatoire peut paraître très compromise.

M. Le Verrier n'est pas de cet avis. Selon lui, l'exactitude des observations qui ont été publiées répond également à une autre objection. Les épaisses murailles du grand édifice s'échauffent pendant le jour et rayonnent pendant la nuit la chaleur qu'elles ont absorbée ; il en résulte des courants d'air ascendants et un mélange de couches d'inégale densité sur lesquelles les rayons lumineux glissent et trébuchent au lieu d'arriver à l'œil par une route décrivant une courbe régulière. Cet effet a lieu par les mêmes causes qui produisent le mirage, il a pour conséquence une ondulation des images qui rend l'emploi des forts grossissements tout à fait impossible. C'est pour cette raison que les astronomes attachent une grande importance au libre aérage des pièces qui abritent les instruments. A Poulkova, les salles d'observation sont de simples abris construits en bois et couverts en tôle ; les fenêtres du sud ne sont fermées que par des cadres de bois légers recouverts de percale blanche.

M. Le Verrier ne croit pas que la réverbération des murs exerce sur les observations de Paris une influence perturbatrice sensible. Quant à l'illumination de l'atmosphère à Paris, on peut en atténuer l'effet par le défilement des lumières dans les rues voisines. Il ne faut pas oublier d'ailleurs qu'à l'aide de la grande lunette méridienne on observe à Paris journellement des planètes de la 13e grandeur, et qu'avec le grand télescope qui se trouve aujourd'hui à Marseille M. Chacornac a pu voir à Paris le compagnon de Sirius, astre tellement faible qu'il confine à l'imperceptible. On sait aussi que depuis quelques années on a établi à Marseille une succursale de l'observatoire de Paris à laquelle seront abandonnées les recherches délicates qui exigent un climat plus favorable que celui de la vallée de la Seine. Ainsi à Marseille on pourra observer les nébuleuses, chercher des comètes télescopiques à peine visibles, exécuter peut-être des mesures d'étoiles doubles, etc. ; la découverte de deux planètes et d'une comète a déjà brillamment inauguré les travaux de la succursale. A Paris, on pourra continuer avec succès la révision du catalogue de Lalande, l'observation méridienne des planètes grandes et petites, la formation des cartes célestes, l'étude des taches du soleil, les vastes entreprises météorologiques, les observations magnétiques, enfin tous les travaux de calcul et de théorie. Il serait donc possible de conserver l'Observatoire actuel et d'y effectuer encore une foule de recherches utiles et intéressantes. Avant de se décider à le déplacer, il faudrait s'assurer par des expériences *ad hoc* si réellement on gagnerait beaucoup par la création d'un autre établissement à quelques kilomètres seulement de Paris. Si la supériorité des observations faites dans ces nouvelles conditions était reconnue, la translation de l'Observatoire ne pourrait plus soulever d'objections sérieuses, car l'entretien de deux établissements aussi coûteux que celui de Paris serait pour l'état une charge trop lourde et d'ailleurs inutile. La vente des terrains produirait, à ce qu'on prétend, 4 ou 5 millions, c'est-à-dire plus qu'il ne faudrait pour fonder un grand établissement astronomique, soit à Fontenay-aux-Roses, soit dans un autre endroit des environs de Paris. Espérons cependant que, si l'on se décide à renoncer aux palliatifs et à transférer l'Observatoire hors de Paris, on respectera le monument de Perrault, auquel il sera facile de donner une autre destination.

ISBN : 978-1987484090

www.ingramcontent.com/pod-product-compliance
Lightning Source LLC
Chambersburg PA
CBHW070954220526
45471CB00007B/3031